一把勺子做甜点

〔日〕小堀纪代美 著　宋天涛 译

U0307087

南海出版公司

前　言

一把勺子的世界有多大？

一把勺子，可以用来做什么？

喝汤、盛饭、喂食……

一把勺子，

还可以成为打蛋器，搅拌面糊；

成为刮刀，归拢原料；

成为刮板，切割面团，

甚至能够整理形状、装饰图案。

一把勺子打开了一个不可思议的世界。

曲奇、司康、小蛋糕、面包、慕斯、冰激凌……

跳出循规蹈矩的日常，就是一个全新的世界。

一把勺子做甜点，制作过程简单，收拾起来也轻松。

一把勺子调和的，是家的质朴与温度，

带给你的，是踏实与自然。

小堀纪代美

目录

Part 1 *Cookie, Scone*

曲奇和司康

Part 2 *Petit Cake*

小蛋糕

—关于本书—

● 大勺 =15毫升，小勺 =5毫升。

● 如果没有特别说明，微波炉功率默认为600瓦。

● 本书配方按照普通勺子易于操作的分量制定。若按比例增加分量，面团变重，用勺子不易搅拌，请换用合适的工具。

勺子

制作本书中的甜点，只须准备一把勺子。
本书中使用的就是图中的勺子，先来看看它的特点和用法。
大家使用家中类似的勺子即可。

◎ 基本勺子

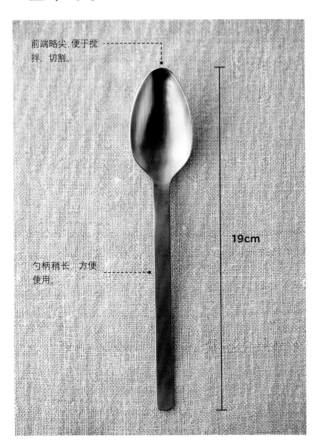

前端略尖，便于搅
拌、切割。

19cm

勺柄稍长，方便
使用。

推荐使用无印良品的不锈钢勺子（"18-8 不
锈钢餐匙" 大号）。前端略尖，便于进行细节
的操作；弧度平缓，防止面糊残留难以清洗。
勺柄略长且笔直，长握短握皆可，易于施力
收劲，握感舒适、操作灵便。

◎ 勺子的用法

只要掌握了使用窍门，一把勺子可以代替打蛋器、刮刀、刮板、刀、你的手，发挥多种功能。

* *

搅拌浆料时，辅助性地转动搅拌盆即可，打发原料的时间和打蛋器所差无几。

Mix

勺背略有弧度，灵活运用便可以发挥刮刀的功能。

搅拌

拌和时转动搅拌盆，可以使原料均匀混合；搅打时略微倾斜搅拌盆，可以使面糊裹入更多空气；还可以把勺子当作刮刀巧妙切拌。

面糊量少时，可以用勺背一点点摊开。

Shape

整形

无须使用模具、裱花袋，用勺子也能滴落、摊开、舀取。利用勺子的凹曲面可滚圆面糊，利用勺背可摊平面糊，不过分拘泥于细节的话，做出来的形状会别有一番趣味，大胆尝试吧！

制作慕斯时，使用两把同样的勺子，可以做出好看的橄榄形。

Knead, Combine

拌和、归拢

在制作甜点的过程中，拌和面糊时需要力度的操作大多会用到手，但采用本书的配方，拌和与归拢仅用勺子便能搞定，不会脏手。不锈钢材质的勺子，可以放心用力，手柄正握反握、长握短握皆可，短握时更容易施力。

即使面糊含水量少，用勺子持续搅拌，也会渐渐变得滑润。

要做需用较多粉类原料的司康，可以用勺背一边按压原料一边拌和，使面糊归拢在一起。

Scratch

刮擦

用勺子边缘或者勺尖轻轻地刮弄表面，会出现令人惊喜的效果。

做果冻和果汁冻时，晃动勺子刮擦出不规则的截面，闪闪发光、十分漂亮。

切割

薄薄的、弧度平缓的勺子便于切割。虽然不能切得十分齐整，但自有一种家制、手作的特色。

切割司康面团时也可以使用勺子，注意要垂直切下。

◎ 便利的勺子

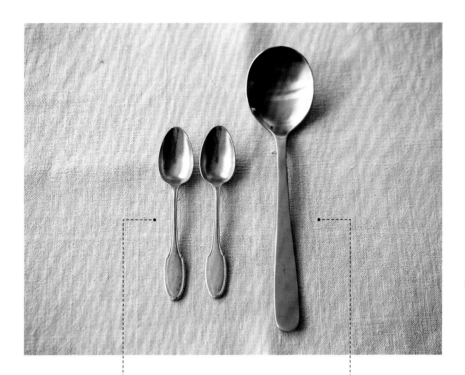

spoon

茶匙

大号勺子

主要用于复杂细节的操作。将迷你曲奇面糊分舀在烤盘上，或将糖霜、酱汁缓缓滴落做成丝状花饰，便可用茶匙。建议准备两把。

主要用于把冰镇甜点舀入容器。推荐使用勺头又大又宽、弧度平缓的勺子。

"勺子甜点"的

魅 力

"勺子甜点"会让人想一做再做。

利用家中现成用具即可制作

无须裱花袋、蛋糕模等工具，利用保鲜盒、锡箔纸杯、滤茶网等现成用具即可制作。即使深夜兴起，想做个甜点，也能立即开工。

需要洗的用具很少

做完甜点后，洗碗池里全是粘有面糊的用具，实在令人烦累。用勺子做甜点，就不会出现这种烦恼，甚至手都不必弄脏。顺手就能迅速清洗干净。

不必精雕细琢，反而能塑造自然又呆萌的外观

和使用模具、以裱花袋修饰过的甜点不同，"勺子甜点"的外观往往朴拙呆萌，不是一般的可爱。我也会介绍使用勺子美化外观、提升风味的装饰技巧。淋糖霜、抹酱汁，新手也能轻松完成，甜品的外观漂亮又自然。

"勺子甜点"的原料分量标准是"1个鸡蛋"和"100克面粉"

为了方便制作，我将不可或缺的两大原料分量定为"1个鸡蛋"和"100克面粉"，其他原料的分量均据此调整。

成品可以很快吃完

甜点如果吃不完，剩下的放置久了风味会打折，而用勺子做出来的甜点分量刚刚好。既然可以轻松制作，想吃的时候现做即可。刚出炉是甜点最好吃的时刻！

曲奇和司康

　　曲奇和司康的制作工序非常简单，用到的也只是面粉、白糖、油、鸡蛋等基本原料。为了便于勺子操作，本书使用的是液体油脂。

　　制作曲奇、司康时通常需要"打发黄油"。为了使黄油膨胀蓬松、细腻轻盈，搅打起来很费劲。

　　本章介绍的制作方法省去了这一步骤，只须拌匀粉类原料（面粉、白糖等）和液体原料（油、鸡蛋等），仅用一把勺子便能轻松完成。

　　使用融化的黄油、生榨芝麻油制作的曲奇，口感更酥脆。用勺子舀取、摊开面糊形成的简单外形也十分别致可爱，适合当作日常零食。

　　司康的面糊配方中添加了鲜奶油，成品十分松软可口，而且制作无须直接上手，用一把勺子加一个搅拌盆就能完成，适合当作早餐。用勺子切割的面团，烘烤出略为粗糙的表面，正是司康的独有魅力。

香脆曲奇

只须在面粉、糖粉里加入液体油脂和蛋液，用勺子用力搅拌即可。甚至无须过筛面粉。
这是最适合当作零食的曲奇。
酥脆可口，百吃不厌。

脆曲奇

脆曲奇（Croquant）

"Croquant"是法语里"松脆"的意思。
榛子的醇香增添的美味无可比拟，是必不可少的原料。

原料（可做约20个直径4厘米的曲奇）

A | 低筋面粉　30 克
　　| 细砂糖　120 克
　　| 杏仁粉　20 克
　　| 盐　少许
蛋白　1 个
B | 杏仁　35 克
　　| 榛子　35 克
糖粉　适量

我使用的是整粒带皮生杏仁磨制的杏仁粉，香味更浓，烤出来的色泽也更诱人。但去皮的更为常见。两者皆可使用。

准备

• 烤箱预热至 160℃。

• 在烤盘中铺一张烘焙纸，将原料 **B** 平摊其上，送入预热好的烤箱，烘烤 10 分钟左右。晾凉后粗略切碎。

做法

搅拌粉类原料

1 将原料 **A** 放入搅拌盆。

2 用勺子画圈搅拌至没有团块，整体均匀。

加入蛋白

3 加入蛋白。

4 用勺背将粉类原料按压在盆壁上，使其充分吸收蛋白里的水分。

5 搅拌至均匀柔滑、没有干粉。

加入坚果

6 加入烘烤好的原料 **B**，用勺背将其压入面糊并迅速搅拌。

7 基本混合均匀，面糊便做好了。

整形、烘烤

8 换成两支茶匙，一支舀取面糊，另一支将面糊小团刮下，排列在烤盘上，互相间隔 3 厘米。

9 用滤茶网在每个面糊小团上各撒两次糖粉，送入预热好的烤箱，烘烤 25 分钟。

*用低温慢慢烘烤,可使曲奇口感酥脆。温度过高会使曲奇变得过甜且粘牙。

10 刚出炉的曲奇会烫手，请晾凉后轻轻地拿下来。

*如果没晾凉，曲奇底部仍与烘焙纸粘连，不易拿取。

和干燥剂一起放入密封罐，常温下可以保存10天。

黑芝麻曲奇

黑芝麻和燕麦打造出香脆的口感，
红糖给曲奇带来一种令人安心的朴实滋味。

原料（可做 6 个直径 10 厘米的曲奇）

A | 低筋面粉　50 克
　　燕麦片　50 克
　　红糖　50 克
　　熟黑芝麻　20 克
　　盐　少许

B | 生榨芝麻油（或菜籽油）　40 毫升
　　牛奶　40 毫升

准备

● 在烤盘中铺一张烘焙纸。烤箱预热至 160℃。

做法

搅拌粉类原料、芝麻

1

将原料 **A** 放入搅拌盆，用勺子画圈搅拌至没有团块，整体均匀。

将油和牛奶混合，并加入粉类原料中

2

另取一只搅拌盆，放入原料 **B**。用勺子的尖端搅打，使其乳化。

3

将搅打好的奶液全部倒入粉类原料搅拌盆。

4

用勺背与勺子边缘切拌，使粉类原料充分吸收水分。

5

放置 10~15 分钟，面糊中的燕麦片吸收水分后，口感会变得细腻。

整形、烘烤

6

用勺子舀出面糊小团，排列在烤盘上，留出一定间隔。

7

用勺背将面糊小团均匀地摊薄，送入预热好的烤箱烘烤 25~30 分钟。出炉后，待余热消散，在冷却架上晾凉。

◎牛奶可以换成豆浆，红糖可以换成黑糖或三温糖。三温糖是黄砂糖的一种，由制造白糖后的糖液制成，色泽偏黄，甜味浓烈，常用来做日式甜点。
◎步骤 5 可以省略。

杏仁瓦片

这是经典的瓦片饼干，在面糊中加入融化的黄油，口感酥脆，味道香甜。
配上一杯咖啡或红茶，惬意无比。搭配冰激凌也很好吃。

原料（可做 10~12 个直径约 8 厘米的杏仁瓦片）

A | 低筋面粉　20 克
　　 | 细砂糖　50 克
　　 | 盐　少许
蛋白　1 个
杏仁片　50 克
无盐黄油　15 克

准备

- 在烤盘中铺一张烘焙纸。
- 烤箱预热至 200℃。
- 黄油隔水加热融化。或者放入耐热容器，覆上保鲜膜，用微波炉加热 30~60 秒，使之融化。

做法

1 将原料 **A** 放入搅拌盆，用勺子画圈搅拌至没有团块，整体均匀。

2 另取一只搅拌盆，放入蛋白，用勺子从底部往上大幅度地搅打，使空气裹入蛋白液。搅打至气泡丰富、细腻而均匀，如同奶油。

3 将搅打好的蛋白液全部倒入粉类原料搅拌盆，用勺背与勺子边缘切拌，使粉类原料充分吸收水分。依次加入杏仁片、融化的黄油。每加入一种原料都要搅拌一次。

4 用勺子舀出面糊小团，排列在烤盘上，留出一定间隔。用勺背将面糊小团均匀地摊薄（出现一点小孔也没关系），送入预热好的烤箱烘烤 7~8 分钟，直至完全上色。

5 出炉后趁热放在擀面杖上略微定形，静置晾凉。

甜品店会用模具做出瓦片的弧度，在家可以借助擀面杖塑造弧度。但就算没有弧度也很美味。

花生酱白巧克力曲奇

松 脆 曲 奇

这款曲奇厚厚的，看起来肉嘟嘟的。
加入一点泡打粉，可以塑造蓬松的外形和柔软的口感，
做出酥松香浓的曲奇。

櫻桃巧克力曲奇

花生酱白巧克力曲奇

加入了花生酱的美式圆曲奇，味道醇厚。
白巧克力粗略切碎即可，烤好的曲奇里留有些许巧克力碎粒会很美味。

原料（可做 10~12 个直径 6 厘米的曲奇）

鸡蛋　1 个
红糖　80 克
无盐黄油　60 克
花生酱（加糖型）　80 克
A │ 低筋面粉　20 克
　　│ 全麦面粉　50 克
　　│ 燕麦片　70 克
　　│ 泡打粉　1/2 小勺
混合坚果（杏仁、腰果、核桃等）　50 克
白巧克力　40 克
蔓越莓干　25 克

请选用不至于过甜的、口感滑润的花生酱。我用的是 SKIPPY 的柔滑花生酱。

准备

- 在烤盘中铺一张烘焙纸。
- 烤箱预热至 180℃。
- 黄油隔水加热融化。或者放入耐热容器，覆上保鲜膜，用微波炉加热 30~60 秒，使之融化。
- 混合坚果和白巧克力粗略切碎。

做法

1　鸡蛋磕入搅拌盆，用勺子充分搅匀蛋液。操作时注意微微倾斜搅拌盆。

2　依次加入红糖、融化的黄油、花生酱，每加入一种原料都要用勺子左右摆动搅拌均匀。
　　＊注意融化的黄油不可过热，否则会使后面加入的白巧克力融化。

3　另取一只搅拌盆，放入原料 **A**，用勺子画圈搅拌至没有团块，整体均匀。

4　将 **3** 一次性倒入 **2** 里，用勺子边缘持续切拌，直至干粉消失。面团归拢成一整块后加入混合坚果碎、白巧克力碎、蔓越莓干，搅拌均匀。

5　用勺子舀出面团，排列在烤盘上，相互间隔 3 厘米。用勺背轻压每个小面团中央使其微微凹陷。送入预热好的烤箱，烘烤 20 分钟。出炉后，待余热消散，放在冷却架上晾凉。

◎也可以使用含盐的混合坚果，咸味曲奇也很好吃。

樱桃巧克力曲奇

这款曲奇的饼体松脆，
罐头樱桃经过浸渍，风味浓缩，愈发酸甜可口，饱满多汁，
和苦巧克力的滋味可谓绝妙搭配。

原料（可做 10 个直径 5 厘米的曲奇）

鸡蛋　1 个

细砂糖　120 克

香草精　2~3 滴

A　苦巧克力　50 克

　　无盐黄油　50 克

　　盐　1/4 小勺

B　低筋面粉　40 克

　　高筋面粉　20 克

　　可可粉　30 克

　　泡打粉　1/4 小勺

樱桃（罐头）　10 颗

我用的是法芙娜公司
(Valrhona) 的烘焙用巧克力。尽量选用可可含量高的苦巧克力就行。如果是巧克力板，要粗略切碎。

准备

- 在烤盘中铺一张烘焙纸。
- 烤箱预热至 170℃。
- 原料 **A** 隔水加热融化。或者放入耐热容器，覆上保鲜膜，用微波炉加热 30~60 秒，使之融化。
  * 如果分量较多，请选择隔水加热融化。

做法

1 鸡蛋磕入搅拌盆，用勺子充分搅匀蛋液。操作时注意微微倾斜搅拌盆。

2 加入细砂糖，用勺子从底部往上大幅度地搅打，使空气裹入蛋液，搅打至气泡丰富、细腻而均匀，如同奶油。

3 加入香草精和融化的原料 **A**，搅拌均匀。

4 另取一只搅拌盆，放入原料 **B**，用勺子画圈搅拌均匀。一次性倒入 **3** 里，用勺子边缘粗略切拌，直至面团归拢成一整块。

5 用勺子舀出面团，排列在烤盘上，留出一定间隔。用手指轻压面团中央使其微微凹陷，将樱桃用力按入。送入预热好的烤箱，烘烤 15 分钟。出炉后，待余热消散，放在冷却架上晾凉。

◎想做香草味的曲奇，加入香草精或香草油就可以了。香草精一经加热就会飘散出香味。

椰子曲奇

加入了椰子油和椰蓉，会给曲奇带来香醇的口感，仿佛加了黄油。
椰蓉不易烤熟，会有生粉味，也容易发潮，所以一定要烤熟、烤透。

原料（可做 9 个直径 8 厘米的曲奇）

鸡蛋　1/2 个

椰子油　40 克

红糖　50 克

A | 椰蓉　30 克
低筋面粉　50 克
杏仁粉　20 克
泡打粉　1/4 小勺
盐　少许

准备

- 在烤盘中铺一张烘焙纸。
- 烤箱预热至 180℃。

做法

1 鸡蛋磕入搅拌盆，用勺子充分搅匀蛋液。操作时注意微微倾斜搅拌盆。

2 加入椰子油、红糖，每加入一种原料都要用勺子左右摆动搅拌均匀。

3 倒入拌匀的原料 A，用勺子边缘粗略切拌，直至面团归拢成一整块。

4 用勺子舀出面团，排列在烤盘上，留出一定间隔。用勺尖整理圆圆的外形，送入预热好的烤箱，烘烤 15 分钟。出炉后，在烤盘上晾凉，再轻轻地取下来。

椰子油在20℃~25℃时为液态，低于20℃时会凝固，此时请隔水加热，融化后再使用。

椰蓉是将椰肉切成丝或磨成粉后，经过特殊处理制成的。这款曲奇使用的是粉末状的椰蓉。

软式司康

一般来说，我们会用手揉和面团，但由于体温的影响，面团往往比较松散。
我改良了食谱之后，便于勺子制作了。不仅可以完美揉和面团，也不必直接用手和面。
改变配料比例，就能做出柔软绵润的曲奇。

蓝莓司康

用鲜奶油制成的司康，口味较为清淡，
散发着淡淡的奶香味。
若是在制作时加入一点全麦面粉，就能为成品增加筋道的口感。
加入新鲜蓝莓之后，滋味的层次更丰富。

原料（可做 4 个司康）

A | 低筋面粉　80 克
全麦面粉（或高筋面粉）　20 克
细砂糖　15 克
泡打粉　1/2~1 小勺
盐　少许

鲜奶油　100 毫升
蓝莓（也可以用冻干蓝莓）　50 克
高筋面粉（当作手粉）　适量

准备

• 在烤盘中铺一张烘焙纸。烤箱预热至 180℃。

做法

搅拌粉类原料，加入鲜奶油

1 将原料 **A** 放入搅拌盆，用勺子画圈搅拌至没有团块，整体均匀。加入一半分量的鲜奶油，用勺尖切拌。

2 搅拌盆中的原料大致成团后，将剩余的鲜奶油加入混合物中尚有干粉残留的部分。

3 用勺尖切拌，使鲜奶油和粉类原料充分混合，呈大团肉松状，残留少量干粉。

放入蓝莓

4 放入蓝莓，用勺子从下往上翻拌，并用勺背在盆壁上压碾面团，反复翻拌、压碾，最终归拢面团。

饧面

5 用保鲜膜包覆面团，送入冰箱冷藏 1 小时以上。

* 如果省去饧面步骤，直接烘烤，不会有香糯口感。放置一晚也没关系。

整形、烘烤

6 撕开保鲜膜，撒上手粉，用勺子切割成四等份。

7 用手把切割好的面团整理成三角形，放入烤盘，送入预热好的烤箱烘烤20~25 分钟，直至上色。出炉后放在冷却架上晾凉。

◎有些水果的水分含量大，如果添加过多，会影响司康的口感，请控制好分量。葡萄干、巧克力碎块的水分少，多加一些也无妨。
◎全麦面粉可以换成高筋面粉。

可可杏肉司康

混合坚果燕麦司康

可可杏肉司康

做法和基础款司康几乎一致，只是加入了可可粉，提升醇厚的口感。
外观上装饰了糖霜，显得更加华丽。

原料（可做 4 个司康）

A | 低筋面粉　90 克
　　 | 可可粉　2 大勺
　　 | 细砂糖　30 克
　　 | 泡打粉　1/2~1 小勺
　　 | 盐　少许
鲜奶油　100 毫升
杏肉干　2~3 个
高筋面粉（当作手粉）　适量

做法

1 将原料 **A** 放入搅拌盆，用勺子画圈搅拌至没有团块，整体均匀。加入一半分量的鲜奶油，用勺尖切拌。

2 搅拌盆中的原料大致成团后，将剩余的鲜奶油加入混合物中尚有干粉残留的部分。用勺尖切拌，使鲜奶油和粉类原料充分混合，呈大团肉松状。

3 放入杏肉干切块，用勺子从下往上翻拌，并用勺背在盆壁上压碾面团，反复翻拌、压碾，最终归拢面团。

4 用保鲜膜包覆面团，送入冰箱冷藏 1 小时以上。

5 撕开保鲜膜，撒上手粉，用勺子切割成四等份。用手轻轻地把切割好的面团整理成正方形，放在烤盘上，送入预热好的烤箱，烘烤 20~25 分钟，直至上色。出炉后放在冷却架上晾凉。

6 制作糖霜，用勺子舀起来像细丝一样滴裹在司康表面。

混合坚果燕麦司康

混合了坚果、水果干、谷物的燕麦片，营养满满。
用蛋黄和牛奶做成蛋奶液代替鲜奶油，口感更加醇滑细腻。
品尝时推荐涂抹黄油或果酱，健康又好吃。

原料（可做 4 个司康）

A | 低筋面粉　60 克
　　| 全麦面粉　40 克
　　| 细砂糖　1 大勺
　　| 泡打粉　1 小勺
B | 蛋黄　1 个
　　| 牛奶　50 毫升
混合坚果燕麦片（市售）　50 克
高筋面粉（当作手粉）　适量

准备

- 在烤盘中铺一张烘焙纸。
- 烤箱预热至 180℃。

做法

1 将原料 **A** 放入搅拌盆，用勺子画圈搅拌至没有团块，整体均匀。

2 另取一只搅拌盆，放入原料 **B**，用勺子充分搅拌均匀。

3 把一半分量的 **2** 放入 **1**，用勺尖切拌。

4 搅拌盆中的原料大致成团后，将剩余的 **2** 加入混合物中尚有干粉残留的部分。用勺尖切拌，使蛋奶液和粉类原料充分混合，呈大团肉松状。

5 加入混合坚果燕麦片，用勺子从下往上翻拌，并用勺背在盆壁上压碾面团，反复翻拌、压碾，最终归拢面团。

6 用保鲜膜包覆面团，送入冰箱冷藏 1 小时以上。

7 撕开保鲜膜，撒上手粉，用勺子切割成四等份。用手轻轻地把切割好的面团整理成三角形，放在烤盘上，送入预热好的烤箱，烘烤 20~25 分钟，直至上色。出炉后放在冷却架上晾凉。

Part 2

Petit Cake

小蛋糕

　　甜品店的橱窗里总是展示着精致的装饰蛋糕，华丽的外表容易让人产生"我手不够巧，做不出这么漂亮的蛋糕"的退怯心理。

　　我将在这一章介绍小蛋糕的做法。书中的范例分量偏小，工序简单，但尤为精致可爱。

　　泡打粉和蛋白霜都能促使蛋糕面糊膨胀。用泡打粉做出的蛋糕口感滑润，用蛋白霜做出的蛋糕口感轻盈。用蛋白霜做蛋糕的关键步骤是筛粉，直接把面粉筛入蛋白霜。因为面粉极易在短时间内再次结块，事先筛好并不明智。成品的组织是否细腻取决于此。

　　打发蛋白霜要用到打蛋器，但无须使用蛋糕模。调好面糊之后，用勺子稍稍整形，就可以做出能点亮一场小聚会或家宴的好看蛋糕。不管是淋酱汁、缀水果，还是填奶油，书中选用的装饰手法都很简单，每个人都能漂亮地完成。

滑润小蛋糕

在面糊中加入泡打粉,便能使蛋糕完美膨胀。
无须使用打蛋器和蛋糕模,只要几只常用的锡箔纸杯就能轻松烤制。

玛德琳

玛德琳——淋焦糖酱

制作这款玛德琳不需要打发蛋液，一把勺子就能完成。
烤好的蛋糕口感轻盈，淋上足足的焦糖酱，甜香馥郁，十分诱人。

原料（可做直径约 8 厘米的 6 个玛德琳）

鸡蛋　1 个

细砂糖　50 克

柠檬皮碎　1 个

A | 低筋面粉　50 克

　| 泡打粉　1/2 小勺

无盐黄油　60 克

建议使用无铝泡打粉。泡打粉开封后容易氧化失效，请尽快使用。

准备

• 在烤盘中铺一张烘焙纸。

• 烤箱预热至 180℃。

• 黄油隔水加热融化。或者放入耐热容器，覆上保鲜膜，用微波炉加热 30~60 秒，使之融化。

• 将细砂糖和柠檬皮碎混合均匀。

做法

搅匀蛋液，加入细砂糖和柠檬皮碎

1

鸡蛋磕入搅拌盆里，用勺子充分搅匀蛋液。操作时注意微微倾斜搅拌盆。

* 蛋液一定要搅匀，以免加入细砂糖和柠檬皮碎后产生团块。

2

将混合好的细砂糖和柠檬皮碎一次性加入蛋液。

3

用勺子左右摆动搅拌，使细砂糖溶化在蛋液里。

* 细砂糖溶化后，蛋液没有发白也没关系。

加入粉类原料

4

筛入原料 **A**。也可以使用滤茶网。

* 过筛时用勺子搅动粉末，可以加快速度。

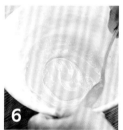

5

用勺子持续切拌，直至干粉消失，面团归拢成一整块。

加入融化的黄油

6

分 4~5 次加入融化的黄油，每一次都要搅拌均匀。把勺子当作打蛋器，画圈搅动，使面糊均匀。

* 一次性加入黄油不易搅拌均匀，要分次加入。

盛入模具，烘烤

7

在烤盘上摆好锡箔纸杯，用勺子平均地分盛好面糊，送入预热好的烤箱，烘烤 15 分钟。

* 出炉后晾凉，用勺子淋上焦糖酱。

◎与用打蛋器相比，用勺子搅拌好的面糊会有大小不一的气泡。完成第6步后把面糊放入冰箱冷藏1小时左右，待消泡后，面糊就会变得平滑。

如何做焦糖酱

将 100 克细砂糖放入小锅，开中火加热，晃动小锅使其均匀、缓慢地融化。待糖浆变成焦糖色后调至小火，分次加入 100 克鲜奶油，用木铲不断搅拌，直至融合成均匀浓稠的酱汁，关火。焦糖酱晾凉后存入密封罐，可冷藏保存 10 天左右。

简易胡萝卜小蛋糕

这是甜点教室的人气小蛋糕，我简化了食谱，制作起来更加轻松。
做好之后放置一晚，会更加细腻好吃。
品尝时搭配酸酸甜甜的乳酪糖霜，别有风味。

原料（可做直径约 6 厘米的 12 个小蛋糕）

鸡蛋　1 个

红糖　60 克

生榨芝麻油（或菜籽油）　50 毫升

蜂蜜　1 大勺

A 胡萝卜　70 克
　　核桃　20 克
　　椰丝　15 克
　　葡萄干　20 克
　　肉桂粉　1 小勺
　　盐　少许

B 低筋面粉　70 克
　　泡打粉　1 小勺

准备

- 在烤盘中铺一张烘焙纸。

- 将核桃平摊其上，送入预热至 180℃ 的烤箱，烘烤 10 分钟，晾凉后粗略切碎。

- 烤箱预热至 160℃。

- 用刨丝器将胡萝卜擦丝或磨蓉。

做法

1 鸡蛋磕入搅拌盆，用勺子充分搅匀蛋液。操作时注意微微倾斜搅拌盆。

2 加入红糖，用勺子从底部往上大幅度地搅打，使空气裹入蛋液。搅打至气泡丰富、细腻而均匀，如同奶油。依次加入生榨芝麻油、蜂蜜，充分搅拌至均匀黏稠。

3 放入原料 **A**，搅拌均匀，用滤茶网筛入原料 **B**，用勺子粗略地搅拌，直至干粉消失。

4 在烤盘上摆好锡箔纸杯，用勺子平均地分盛好面糊，送入预热好的烤箱，烘烤 30~35 分钟。插入竹签，拔出后没有粘附面糊，就说明烤好了。出炉后，待余热消散，将保鲜膜轻轻盖在烤好的小蛋糕上，保持湿润细腻的口感。晾凉后用勺子淋上乳酪糖霜。

如何做乳酪糖霜

取 50 克糖粉、40 克乳酪、15 克黄油、1/4 小勺鲜柠檬汁，放入搅拌盆，用勺子持续搅拌，直至柔滑细腻。存入密封罐，可冷藏保存 5 天。冷藏后糖霜会分层，使用时要充分搅匀。

◎可以根据喜好添加百香果粉末或者杏肉干碎末。

海绵蛋糕

在泡沫丰富、含有大量空气的蛋液里加入少量面粉，做出来的蛋糕体蓬松轻盈。
无须使用蛋糕模、裱花袋，一把勺子便能做出造型各异的海绵蛋糕。
入口即化的独特口感，让人吃完一个还想吃。

葡萄干黄油夹心小蛋糕

葡萄干黄油夹心小蛋糕

这款小蛋糕的外层是清淡的杏仁味海绵蛋糕体。
我们用勺子做出独特的形状，别有一番趣味。

原料（可做直径 5 厘米的 4 个小蛋糕）

蛋白　1 个

细砂糖　10 克

A ｜ 低筋面粉　1 小勺

｜ 糖粉　15 克

｜ 杏仁粉　25 克

糖粉　适量

< 葡萄干黄油夹心 >

　黄油　50 克

　朗姆酒渍葡萄干 *　20 克

* 把 15 克葡萄干和 1 小勺朗姆酒放入容器，
浸泡一段时间，葡萄干吸饱酒液后使用。

准备

- 在烤盘中铺一张烘焙纸。
- 烤箱预热至 160℃。
- 黄油在室温下软化。

做法

打发蛋白霜

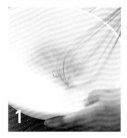

1

将蛋白放入搅拌盆，用打
蛋器搅打，使蛋白液失去
黏劲。

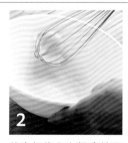

2

从底部往上大幅度地翻
搅，使空气裹入蛋白液，
整体膨胀起来。

3

分 2~3 次加入细砂糖，
每一次都要搅打至起泡。

4

持续打发，直至蛋白霜变
得细腻有光泽，提起打蛋
器时能拉出饱满的尖角。

加入粉类原料

5

另取一只搅拌盆，放入原料 **A**，用勺子画圈搅拌，然后用滤茶网筛入打发的蛋白霜。

* 面糊的细腻程度关乎蛋糕体的口感，所以要将粉类原料"用勺子画圈搅拌"后再筛进蛋白霜里。

6

用勺子持续切拌，直至干粉消失，面团归拢成一整块。

整形、烘烤

7

用勺子舀起面糊，将面糊小团排列在烤盘上，互相间隔 3 厘米。一共做出 8 个面糊小团。

8

用勺背尖端将面糊小团轻轻地摊成椭圆形，注意不要压坏。

* 如果使用整个勺背去摊平，面糊会粘在勺子上。

9

用滤茶网筛撒两次糖粉，送入预热好的烤箱，烘烤20 分钟。出炉后，待余热消散，在冷却架上晾凉。

* 撒上糖粉后，蛋糕表层口感会变得松脆。

葡萄干黄油夹心

10

制作葡萄干黄油夹心。将黄油和朗姆酒渍葡萄干放入搅拌盆，用勺子搅拌均匀。

11

将晾凉的海绵蛋糕分为两片一组，取其中一片，在其平滑面上用勺子抹一层厚厚的黄油葡萄干夹心，不要涂抹开，盖上另一片海绵蛋糕，轻轻按压，使其紧密贴合即完成。

* 为了保证新鲜的口感，请在品尝前现夹葡萄干黄油夹心。

◎夹心可以换成第41页的乳酪糖霜。

如果可以买到现成的葡萄干黄油，在室温下融化后夹入海绵蛋糕即可，工序更简单。

芒果蛋糕

抹茶一口酥

浆果帕夫洛娃蛋糕

芒果蛋糕

将蛋黄加入打发的蛋白霜里,做出的面糊能够烤出松软细腻的蛋糕体。
用勺子将面糊整理成花瓣形状,膨胀后的蛋糕体胖乎乎的,十分可爱。
不仅限于芒果,搭配草莓、桃子之类时令水果,都十分香甜可口。

原料 (可做 1 个直径 10 厘米的蛋糕)

蛋白　1 个

细砂糖　20 克

蛋黄　1 个

香草精　2~3 滴

A　低筋面粉　20 克

　　杏仁粉　5 克

杏仁片　适量 (可省略)

糖粉　适量

< 芒果攒奶油 >

　　淡奶油　100 毫升

　　细砂糖　2 小勺

　　芒果　适量

立起勺子,用手指
拨落面糊,不要抹
开,保持面糊隆起
的状态,便可烤出
花形蛋糕体。

准备

- 在烤盘中铺一张烘焙纸。
- 烤箱预热至 180℃。

做法

1 将蛋白放入搅拌盆,用打蛋器搅打至起泡,使空气裹入蛋白液,整体膨胀起来。分 2~3 次加入细砂糖,每一次都要搅打至起泡。蛋白霜变得细腻有光泽、提起打蛋器时能拉出饱满的尖角,就可以了。加入蛋黄和香草精,用勺子搅拌均匀。

2 另取一只搅拌盆,放入原料 **A**,用勺子画圈搅拌,然后用滤茶网筛入 **1** 里。用勺子粗略搅拌至干粉消失。

3 用勺子舀起面糊,用手指拨落在烤盘上,在其周围呈放射状排列 7 个面糊小团,像花瓣一样。再舀稍大的一团面糊,略微抹开,使直径和花形一致。

4 将杏仁片放在步骤 **3** 的花形面糊中央。用滤茶网筛撒两次糖粉,送入预热好的烤箱,烘烤 15 分钟。出炉后,待余热消散,在冷却架上晾凉。

5 制作芒果攒奶油。将淡奶油和细砂糖放入搅拌盆,盆底置于冰水中,用打蛋器打至八分发,加入大小适中的芒果切块。

6 将晾凉的海绵蛋糕分为两片一组,以平滑面为夹心面,夹入芒果攒奶油即完成。

抹茶一口酥

将海绵蛋糕做成圆形，就像一口酥一样。
在面糊中拌入抹茶粉，茶香清新。夹入红豆攒奶油夹心，就是一款精美的日式蛋糕。

原料（可做 3 个直径 7 厘米的抹茶一口酥）

蛋白　1 个
细砂糖　10 克

A　杏仁粉　20 克
　　糖粉　30 克
　　低筋面粉　1 小勺
　　抹茶粉　1 小勺

糖粉　适量

< 红豆攒奶油 >
　　鲜奶油　150 毫升
　　红豆沙（市售）　1 大勺

准备

- 在烤盘中铺一张烘焙纸。
- 烤箱预热至 160℃。

做法

1 将蛋白放入搅拌盆，用打蛋器搅打至起泡，使空气裹入蛋白液，整体膨胀起来。分 2~3 次加入细砂糖，每一次都要搅打至起泡。蛋白霜变得细腻有光泽、提起打蛋器时能拉出饱满的尖角，就可以了。

2 另取一只搅拌盆，放入原料 **A**，用勺子画圈搅拌，然后用滤茶网筛入 **1** 里。用勺子粗略搅拌至干粉消失。

3 用勺子舀起面糊，将面糊小团排列在烤盘上，互相间隔 3 厘米。一共做出 6 个面糊小团。用勺背尖端将面糊小团摊成圆形，用滤茶网筛撒两次糖粉，送入预热好的烤箱，烘烤 20 分钟。出炉后，待余热消散，在冷却架上晾凉。

4 制作红豆攒奶油。将鲜奶油和红豆沙放入搅拌盆，盆底置于冰水中，用打蛋器打至九分发。

5 将晾凉的海绵蛋糕分为两片一组，以平滑面为夹心面，夹入红豆攒奶油，轻轻按压即完成。

浆果帕夫洛娃蛋糕

这款蛋糕以低温烘烤，蛋糕体呈现纯白色泽。表皮清淡，内里略微黏稠，独特的口感十分诱人。
将新鲜的浆果美美地装饰在上面，漂亮极了。

原料（可做 1 个直径 12~13 厘米的蛋糕）

蛋白　1 个
盐　少许
细砂糖　40 克
玉米淀粉　1 小勺
糖粉　适量

< 攒奶油 >
　　鲜奶油　100 毫升
　　细砂糖　2 小勺
蓝莓、覆盆子等新鲜浆果　各适量

准备

- 在烤盘中铺一张烘焙纸。
- 烤箱预热至 140℃。

做法

1 将蛋白和盐放入搅拌盆，用打蛋器搅打至起泡，使空气裹入蛋白液，整体膨胀起来。分 2~3 次加入细砂糖，每一次都要搅打至起泡。蛋白霜变得细腻有光泽、提起打蛋器时能拉出饱满的尖角，就可以了。
＊加入盐后，泡沫会更加稳定。

2 用滤茶网筛入玉米淀粉，用勺子粗略搅拌至干粉消失。

3 将面糊移入烤盘，用勺背尖端摊成直径 12~13 厘米的圆形。用滤茶网筛撒两次糖粉，送入预热好的烤箱，烘烤 70 分钟。烤足时间后，留在烤箱里 15 分钟，再出炉。

4 制作攒奶油。将鲜奶油和细砂糖放入搅拌盆，盆底置于冰水中，用打蛋器打至七分发。将晾凉的海绵蛋糕盛放在器皿中，表面涂抹攒奶油并装饰浆果。

Part 3

Bread, Donut

面包和面包圈

　　在这一章，我们开始用干酵母发酵面团来做面包和面包圈。这是一系列口味丰富的甜点小食。

　　在面团中加入干酵母，做出的甜点口感清淡、松软，和用泡打粉、蛋白霜做出的蛋糕有些不同，我十分喜欢。只须将面团静置发酵，成品就会变得十分美味，或许这就是所谓"懒癌福利"吧。

　　这一章介绍了两种面团：简单的黏糯面团，加了鸡蛋、黄油的松软面团。这两种面团都无须用力便能揉好，而且适合油炸或平底锅煎，可以做成薄煎饼、炸面包、面包圈等，稍微做些变化，风味便会不同，十分有趣。

　　一起来试试用干酵母做"不用揉的面包"吧。一次发酵、二次发酵、中间发酵虽然耗费时间，但每次都只须揉几分钟。这是我目前最喜欢的面包食谱。

黏糯面包

原料和做法都非常简单。
揉好的面团不论烘烤还是油炸，口感都是松软黏糯的。
面团本身的甜度不高，
品尝时可以涂蜂蜜、撒些白糖或细盐等调味料，享受多种口味变化。

英式薄煎饼

常见的薄煎饼源自英国。
这款薄煎饼不添加鸡蛋和油脂，朴素的味道令人着迷，
口感松软，入口即化。

原料（可做 5~6 片直径约 10 厘米的小饼）

A 低筋面粉　100 克

　　白糖　1/2 小勺

　　速效酵母　1/2 小勺

　　盐　1/4 小勺

B 牛奶　75 毫升

　　水　50 毫升

黄油、蜂蜜、柠檬凝乳　各适量

速效酵母无须事先发酵，直接将干酵母拌入粉类原料中使用即可，十分方便。

准备

• 将原料 **B** 放入耐热容器，用微波炉加热 30 秒左右，使之与人体温度相当。

做法

搅拌粉类原料、加入液体原料

1 将原料 A 放入搅拌盆，用勺子画圈搅拌至没有团块，整体均匀。

2 一次性加入温热的原料 B。

3 用勺子持续画圈搅拌，直至干粉消失、整体变得柔滑细腻。

发酵

4

覆上保鲜膜，在室温下静置发酵 40~60 分钟。

5

发酵完成后，面糊会膨胀至两倍大。

煎制

6

用勺子从底部往上粗略翻搅。

7

开中火加热平底锅，倒入少许色拉油或黄油（用量另计）。用勺子舀起步骤 **6** 的面糊，放入平底锅，用勺背摊成直径 10 厘米左右的圆饼。

8

煎至圆饼表面出现两三个较大的孔眼、表皮微干时，用锅铲翻面。

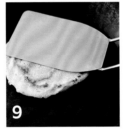

9

用锅铲轻压，使另一面也煎出漂亮的焦黄色。煎好后盛入器皿，根据喜好涂抹黄油、蜂蜜、柠檬凝乳。

◎除了黄油、蜂蜜，抹上同样源自英国的柠檬凝乳，也很搭配。这款薄煎饼不仅适合甜味佐料，搭配香肠之类咸味小食也很好吃。

与英式薄煎饼十分相配的涂抹酱料

柠檬凝乳

浓厚的酸甜味与朴素的英式薄煎饼堪称绝配。

直接涂抹吐司，也很美味。也可以用于制作柠檬凝乳冰激凌蛋糕（参见第 93 页）。

可冷藏保存 5 天。

Lemon Curd

原料（便于制作的分量）

鸡蛋　1 个

蛋黄　2 个

细砂糖　100 克

鲜柠檬汁　80 毫升

黄油　50 克

香草精　2~3 滴（可省略）

* 若有剩余，可冷藏保存。

准备

● 黄油切成小块。

做法

① 将鸡蛋和蛋黄放入小锅，用勺子搅匀，加入细砂糖后充分搅拌。

② 开小火加热 4~5 分钟，同时用勺子搅拌防止凝固，加入柠檬汁继续搅拌 2~3 分钟，呈黏稠状时关火。

③ 加入黄油和香草精，继续搅拌均匀。晾凉后装进保鲜盒。

苹果甜甜圈

用英式薄煎饼的面糊裹满开孔的苹果片，做成面包圈一样的甜点。
外面撒一层薄薄的细砂糖，内芯疏松黏糯，满是苹果的清甜滋味，堪称绝配。
一定要趁热吃哦。

原料（可做 6~7 个）

A 低筋面粉　100 克
　　白糖　1/2 小勺
　　肉桂粉　2 小勺
　　速效酵母　1/2 小勺
　　盐　1/4 小勺
B 牛奶　75 毫升
　　饮用水　50 毫升
苹果　1 个
煎炸油　适量
肉桂粉、细砂糖　各适量

准备

● 将原料 **B** 放入耐热容器，用微波炉加热 30 秒左右，使之
　与人体温度相当。

做法

1 将原料 **A** 放入搅拌盆，用勺子画圈搅拌至没有团块，整
　体均匀。

2 一次性加入温热的原料 **B**。用勺子持续画圈搅拌，直至
　干粉消失，整体变得柔滑细腻。覆上保鲜膜，在室温下
　静置发酵 40~60 分钟。

3 苹果带皮拦腰切半，用勺子挖去果核，切成 7~8 毫米厚
　的空心圆片。

4 开中火热锅，倒入煎炸油。把苹果浸入搅拌盆，使之裹
　满面糊，用勺子舀起挂糊的苹果片，放入油锅煎炸。待
　面糊膨胀并呈现淡淡的焦黄色，捞出沥去余油。晾凉后
　撒上细砂糖和肉桂粉。

◎还可以使用香蕉或梨，味
道也很不错哦。

炸虾球

意式餐厅有一道开胃菜 Zeppole，
是那种可以一口一个、下酒佐餐的炸丸子。
在这份食谱中，我们用 Zeppole 的面糊裹住樱花虾，做成炸虾球。
一口咬开，樱花虾和石莼携着大海的气息充满口腔，令人回味无穷。

原料（可做 12~13 个直径 3~4 厘米的虾球）

A	低筋面粉　50 克
	高筋面粉　50 克
	速效酵母　1/2 小勺
	盐　1/4 小勺
	石莼　1/2 小勺
B	温水　80 毫升
	橄榄油　1/2 大勺

樱花虾　15 克

煎炸油　适量

做法

1 将原料 A 放入搅拌盆，用勺子画圈搅拌至没有团块，整体均匀。

2 一次性加入混合好的原料 B。用勺子持续画圈搅拌，直至干粉消失，整体变得柔滑细腻。覆上保鲜膜，在室温下静置发酵 40~60 分钟。

3 面糊膨胀至 1.5 倍后，放入樱花虾，用勺子从底部往上大幅度地翻搅，使每一只虾都裹满面糊。

4 开中火热锅，倒入煎炸油。用勺子舀出一个个裹面虾团，放入油锅煎炸。炸至虾球膨松金黄，捞出沥去余油。晾凉后撒上少许细盐（用量另计）。

石莼是一种海藻，
加入面糊既好吃
又好看。

松软面包

在香甜馥郁的面糊里加入全蛋液和黄油，
做出的面包可以和布里欧修媲美。
使用融化的黄油，便于勺子搅拌。
制作含馅的面包球时，需要转动勺子来裹面，转动手法也有小窍门。

糖霜面包球

乍看其貌不扬，
不过是普通的炸面包球，
但经过油炸的发酵面团，会变得格外醇厚香甜。

原料（可做 5~6 个直径 5~6 厘米的面包）

A | 高筋面粉　75 克
　| 细砂糖　10 克
　| 速效酵母　1/2 小勺

牛奶　25 毫升
鸡蛋　1 个
盐　适量
无盐黄油　25 克
糖粉　适量
煎炸油　适量

● 将牛奶放入耐热容器，用微波炉加热 30 秒左右，使之与人体温度相当。
● 黄油隔水加热融化。或者放入耐热容器，覆上保鲜膜，用微波炉加热 30~60 秒，使之融化。

做法

搅拌粉类原料　　　　　　　　**加入液体原料，搅拌均匀**

1 将原料 A 放入搅拌盆，用勺子画圈搅拌至没有团块，整体均匀。

2 另取一只搅拌盆，加入温热的牛奶、磕入鸡蛋、撒入盐，用勺子充分搅拌。

3 把 **2** 一次性加入 **1**。

4 用力搅拌，使面糊混合均匀且略带黏劲。

发酵、排气　　　　　　　**油炸**

5 加入少量融化的黄油，用勺子画"之"字充分翻搅，直至面糊变得柔滑。分 3~4 次加入黄油，每一次都要充分翻搅至柔滑。

＊一开始，黄油难以融入面糊，只要反复搅拌，面糊最终会变得均匀柔滑。

6 将面糊拢成一团，覆上保鲜膜，在室温下静置发酵 40~60 分钟，面糊膨胀至两倍大后，用勺子从底部往上大幅度翻搅，排出面糊里的空气。

7 开中火热锅，倒入煎炸油。用一把勺子舀起一小团面糊，另取一把勺子，将面糊小团拨进油锅煎炸。炸至膨松金黄，捞出沥去余油。

8 晾凉后，撒上糖粉。

果子露面包球

咖喱乳酪
面包球

果子露面包球

把前一则食谱做出的面包球浸泡在果子露里，一道饭后甜点便做好了。
如果喜欢饮酒，可以减少果子露的比例，增加朗姆酒的分量。

原料（5~6人份）

A │ 高筋面粉　75 克
　　│ 细砂糖　10 克
　　│ 速效酵母　1/2 小勺

牛奶　25 毫升

鸡蛋　1 个

盐　适量

无盐黄油　25 克

葡萄干　15 克

煎炸油　适量

＜果子露＞

　细砂糖　80 克

　饮用水　200 毫升

　橙汁　2 大勺

　朗姆酒　2 大勺

香草冰激凌（市售）　适量

刚浸入果子露时，面包球
会浮在表面，稍等片刻果
子露就会渗入面包球，无
须勺子搅动。

准备

- 将牛奶放入耐热容器，用微波炉加热 30 秒左右，使之与人体温度相当。
- 黄油隔水加热融化。或者放入耐热容器，并覆上保鲜膜，用微波炉加热 30~60 秒，使之融化。

做法

1 将原料 **A** 放入搅拌盆，用勺子画圈搅拌至没有团块，整体均匀。

2 另取一只搅拌盆，加入温热的牛奶、磕入鸡蛋、撒入盐，用勺子充分搅拌。一次性加入 **1**，用力搅拌，使面糊混合均匀且略带黏劲。

3 加入少量融化的黄油，用勺子画"之"字充分翻搅，直至面糊变得柔滑。分 3~4 次加入黄油，每一次都要充分翻搅至柔滑。

4 加入葡萄干搅拌，将面糊拢成一团。覆上保鲜膜，在室温下静置发酵 40~60 分钟，面糊膨胀至两倍大即可。

5 开中火热锅，倒入煎炸油。用一把勺子舀起一小团面糊，另取一把勺子，将面糊小团拨进油锅煎炸。炸至膨松金黄，捞出沥去余油。

6 制作果子露。将 80 克细砂糖放入 200 毫升水，在锅中煮化，离火晾凉后加入橙汁和朗姆酒混合均匀。盛入搅拌盆，将做好的面包球浸泡其中吸饱果子露。然后装盘，舀一勺冰激凌。

咖喱乳酪面包球

在甜面糊里加入咖喱粉？意外地相配。
甜咸鲜香，和咖喱面包是完全不同的风味。
即使不用融化的乳酪，也会有松软的口感。

原料（可做6个直径5厘米的面包球）

A ｜ 高筋面粉　75克
　　｜ 细砂糖　10克
　　｜ 咖喱粉　1小勺
　　｜ 速效酵母　1/2小勺

牛奶　25毫升

鸡蛋　1个

盐　1/4小勺

无盐黄油　25克

再制乳酪　180克

煎炸油　适量

* 可以根据喜好在原料 **A** 里加入1½小勺孜然粉，咸香诱人。

将乳酪放入面糊，转动勺子绕圈一裹，将乳酪包裹在面糊中。

准备

- 将牛奶放入耐热容器，用微波炉加热30秒左右，使之与人体温度相当。
- 黄油隔水加热融化。或者放入耐热容器，覆上保鲜膜，用微波炉加热30~60秒，使之融化。
- 再制乳酪切成六等份。

做法

1　将原料 **A** 放入搅拌盆，用勺子画圈搅拌至没有团块，整体均匀。

2　另取一只搅拌盆，加入温热的牛奶、磕入鸡蛋、撒入盐，用勺子充分搅拌。一次性加入 **1**，用力搅拌，使面糊混合均匀且略带黏劲。

3　加入少量融化的黄油，用勺子以"之"字形充分翻搅，直至面糊变得柔滑。分3~4次加入黄油，每一次都要充分翻搅至柔滑。

4　将面糊拢成一团，覆上保鲜膜，在室温下静置发酵40~60分钟，面糊膨胀至两倍大即可。

5　开中火热锅，倒入煎炸油。在面糊中放入一块再制乳酪，转动勺子裹覆面糊，然后舀出，另取一把勺子，将内含乳酪的面糊小团拨进油锅煎炸。炸至膨松金黄，捞出沥去余油。

　　* 可以根据喜好撒上细盐。

扁面包

这是我的经典私家食谱。加入少量酵母，慢慢发酵，可以诱发出面粉天然的香味。
用勺子搅拌几次即可，丝毫不费事。
时间会把它变成美味的面包。

佛卡夏

这款面包外皮香浓酥脆。可以切成细长条当作零食，也可以切半夹入生火腿和红菊苣。
橄榄油是决定成品味道的关键，请使用味道纯正的橄榄油。

原料（可做 1 片长约 23 厘米的扁面包）

A | 高筋面粉　100 克
　| 速效酵母　1/2 小勺
　| 白糖　1/2 小勺
　| 盐　1/4 小勺

橄榄油　适量
盐　适量

准备

- 在烤盘中铺一张烘焙纸。
- 烤箱预热至 230℃。

做法

搅拌粉类原料

1

将原料 A 放入搅拌盆，用勺子画圈搅拌至没有团块，整体均匀。

加入液体原料，搅拌均匀

2

取 80 毫升温水（用量另计），一次性加入搅拌盆。

3

用勺子持续画圈搅拌，直至干粉消失，面糊变得柔滑。

* 面糊比较黏稠，要仔细搅拌均匀。

一次发酵

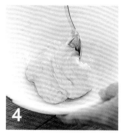

4

淋入 2 小勺橄榄油，使其渗入面糊，这样面糊便不会粘在盆壁上。覆上保鲜膜，在室温下静置 1 小时，面糊膨胀至两倍大即可。

排气、二次发酵

5

用勺背翻搅面糊，排出面糊里的空气。覆上保鲜膜，再发酵 1 小时。

* 可酌情添加橄榄油。

整形、烘烤

6

将面糊移入烤盘，用勺尖端摊成厚 1.5 厘米的椭圆形。再次覆上保鲜膜，静置 15 分钟左右。

7

用手指按出孔眼，浇上适量的橄榄油，撒上盐。送入预热好的烤箱，烘烤18~20 分钟。

各式各样的包装

小三角包

把不粘油的安全塑料布剪成长方形。合起切口，做成正四面体形状。用锁边机大致锁合接缝即完成。适合曲奇之类较小的甜点。

纸杯

剪除纸杯杯沿。再剪出比杯口半径略短的豁口，剪出等宽的八九片，按照顺序向里折叠。纸杯不粘油，适合盛放炸丸子之类油炸甜点。最后，用装饰胶带将一次性餐具贴在纸杯上，随时随地都可以品尝。

沿着接缝便能轻松打开。

为自己亲手做的甜点配上可爱的包装，
作为礼物赠予他人，或当作小聚会的饭后甜点，
是很有意思的经历。

搪瓷盒

不妨将面糊倒入搪瓷保鲜盒里，直接烘
烤，比如胡萝卜蛋糕（第 41 页）。烤好后
晾凉，盖上盖子便可以随身携带参加聚会。
乳酪糖霜用保鲜膜包起来，以装饰胶带
封好，单独携带。

保鲜盒

果冻、果汁冻、慕司之类的冷凝甜点，在
模具中凝固成形后，很难挪到其他容器里。
如果直接用保鲜盒做好，放上冰袋就能
随身携带了。

Part 4

Gelée, Jelly

果汁冻和果冻

果汁冻和果冻的做法，简单来说只有3步：搅拌液体原料，融化明胶，冷却凝固。

这恐怕是最适合用勺子来做的甜点之一。

我的配方中明胶用量偏少，不会凝结成紧实强韧的果冻，

无法整体脱模，用勺子小块小块地舀起盛盘就好，冰凉细碎的口感很赞。

香草果汁冻——浇在水果上面

把香草果子露做成果汁冻，
可以直接吃，也可以当作酱料和新鲜水果拌着吃。
果汁冻晶莹剔透，漂亮极了，作为茶宴甜点也足够精致了。

原料（可以盛满 1 个 15×15×6 厘米的保鲜盒）

饮用水　500 毫升

细砂糖　55 克

A｜薄荷叶　15 克
　｜柠檬草（干燥）　2~3 根

明胶片　8 克

粉红葡萄柚、麝香葡萄、巨峰葡萄等　各适量

用勺尖触碰果冻表层，轻快地平移，不要用力，就能做成漂亮的果汁冻酱料。

准备

• 明胶片用凉水（用量另计）泡软。

　＊温水容易使明胶片融化，必要时加入冰块降温。

做法

1 将 500 毫升水和细砂糖倒入小锅加热，用勺子持续搅拌至细砂糖完全溶解。糖水沸腾后离火，放入原料 **A**，盖上盖子，焖蒸 10 分钟左右。

　＊焖蒸可以激发出香草的香气。

2 用滤茶网将做好的香草糖水滤入搅拌盆，泡软的明胶片放在厨房纸上吸干水分后加入香草糖水，用勺子搅拌至明胶片完全溶解。将搅拌盆底浸泡在冰水里，一边搅拌一边冷却，溶液变得黏稠后移入保鲜盒。冷藏半天使其凝固。

3 将水果盛入器皿。用勺子舀出果汁冻放在水果上。装饰上薄荷叶。

咖啡冻

把明胶加入咖啡，便可做出 Q 弹滑嫩的果冻。
淋上鲜奶油，让它渗入果冻细小的纹理中，或加一勺香草冰激凌，可口极了。

原料（可以盛满 1 个 19×13×5 厘米的保鲜盒）

浓咖啡　500 毫升
明胶粉　8 克
糖浆、鲜奶油　各适量

如果使用明胶片，会使咖啡
变得混浊。用明胶粉就能做
出晶莹剔透的咖啡冻。

准备

• 将明胶粉倒入 1 大勺饮用水（用量另计）中浸泡。

做法

1 将刚冲煮的咖啡倒入小锅，将浸泡好的明胶连水一起倒入，用勺子搅拌至完全溶解。

2 将小锅锅底浸泡在冰水里，一边搅拌一边冷却，溶液变得黏稠后移入保鲜盒。冷藏半天使其凝固。

3 用勺子将咖啡冻盛入器皿，淋上糖浆和鲜奶油。

葡萄柚果汁冻

用勺子把葡萄柚的果肉挖空，直接用果皮做盛器，
榨取纯果汁做成果汁冻，满满地铺在回填的果肉上。这样奢侈又有趣的甜点只有自家手制才会舍得吧。

原料（2人份）

葡萄柚　2个

细砂糖　15克

明胶片　2克

准备

• 明胶片用凉水（用量另计）泡软。

做法

1 将1个葡萄柚拦腰切半，用刀刃切进果皮和果肉之间的缝隙绕一圈，以便分离。用勺子挖去果肉，留下完整的半球形果皮当作盛器。将一半果肉除去薄皮，均匀地填进果皮盛器里，剩下的果肉榨汁。另一个葡萄柚的果肉全部榨汁，一共能榨得约100毫升果汁。

2 将果汁和细砂糖倒入小锅加热，用勺子持续搅拌至细砂糖完全溶解即可离火。泡软的明胶片放在厨房纸上吸干水分后加入果汁糖水，用勺子搅拌至明胶片完全溶解。

3 将小锅锅底浸泡在冰水里，一边搅拌一边冷却，溶液变得黏稠后均匀地铺满步骤1准备好的果皮盛器。冷藏半天使其凝固。

印度香茶奶冻

用鲜奶油与牛奶混合煮制成奶液，做成奶冻，浓郁滑腻。
若喜欢清淡醇香的口味，就增加牛奶的比例。
加入香茶和香料后，幽香宜人。

原料（可以盛满 1 个 15×15×6 厘米的保鲜盒）

红茶茶叶　20 克

A | 牛奶　300 毫升
　 | 鲜奶油　100 毫升
　 | 小豆蔻　5 粒
　 | 肉桂条　1/2 根
　 | 薄姜片　2~3 片

明胶片　5 克

准备

- 小豆蔻除荚，取籽，捣碎。
- 明胶片用凉水（用量另计）泡软。

做法

1 将红茶茶叶和 50 毫升热水（用量另计）放进小锅，盖上盖子焖煮至沸腾。将火关到最小，放入原料 **A**，在即将再次沸腾的时候离火，用滤茶网将做好的印度奶茶滤入搅拌盆。

　*这一步需要计量，量取 400 毫升印度奶茶即可。若奶茶分量不足，可添加热水。

2 泡软的明胶片放在厨房纸上吸干水分后放进搅拌盆，用勺子搅拌至明胶片完全溶解。将搅拌盆底浸泡在冰水里，一边搅拌一边冷却，溶液变得黏稠后移入保鲜盒。冷藏半天使其凝固。用勺子将奶冻盛入器皿。

　*可以根据喜好撒上肉桂粉。

这款奶冻口感独特，盛取时请大块舀起，以保留这种独特。大块大块的奶冻更富光泽、更加美丽。

混合浆果果冻

浆果的色泽鲜艳，蜂蜜的味道甘甜。
这款果汁冻将原料的天然美味激发了出来。
爽滑软糯，是一杯"可以喝的果冻"。

原料（可以盛满 1 个直径 20 厘米、高 3.5 厘米的沙拉碗）

饮用水　300 毫升

细砂糖　40 克

柠檬片　1~2 片

蜂蜜　1½ 大勺

鲜柠檬汁　2 小勺

冻干混合浆果　200 克

明胶片　7.5 克

准备

- 明胶片用凉水（用量另计）泡软。

做法

1 将 300 毫升水、细砂糖、柠檬片放入小锅加热，加入蜂蜜，用勺子持续搅拌至细砂糖完全溶解。加入柠檬汁和混合浆果，煮沸后调小火，苦涩味消失后离火。

2 泡软的明胶片放在厨房纸上吸干水分后放进小锅，用勺子搅拌至明胶片完全溶解。将小锅锅底浸泡在冰水里，轻轻地搅拌，尽量不要搅碎浆果的颗粒，溶液变得黏稠后倒入沙拉碗，冷藏半天使其凝固。用勺子分盛到杯中。

浆果果子露冰激凌

把冻干混合浆果放入料理机，搅打均匀，送入冰箱冷藏凝固就能做出好吃的果子露冰激凌。

姜糖果汁冻

果汁里加入生姜，熬煮出辣乎乎的果子露。
再做成果汁冻，味道甘甜清冽，
像姜汁汽水一样。

原料（可以盛满 1 个 17×20×3 厘米的保鲜盒）

A | 生姜　150 克
　| 饮用水　400 毫升
　| 细砂糖　150 克
　| 鲜柠檬汁　1 大勺
　| 肉桂条　1 根
　| 黑胡椒粒　1/2 小勺
明胶片　4 克

准备

• 生姜切丝。
• 明胶片用凉水（用量另计）泡软。

做法

1　将原料 **A** 倒入小锅加热。煮沸后调小火，熬煮 20 分钟直至苦涩味消失。

2　用滤茶网将做好的姜汁果子露滤入搅拌盆，量取 250 毫升待用。泡软的明胶片放在厨房纸上吸干水分后放进搅拌盆，用勺子搅拌至明胶片完全溶解。

3　将搅拌盆底浸泡在冰水里，一边搅拌一边冷却，溶液变得黏稠后移入保鲜盒。冷藏半天使其凝固。

＊剩余的姜汁果子露可以兑水饮用或者用于烹饪。

◎品尝时撒一点黑糖，美味会升级。如果想做成饮料，就将适量果汁冻舀入玻璃杯，倒入苏打水，点缀一片薄荷叶。果汁冻和苏打水会清晰地分成两层，用吸管搅拌饮用。

橙子冻

在鲜橙汁里加入少许橄榄油，能创造出浓郁醇厚的滋味。
如果觉得不够甜，可以加入蜂蜜调味。

原料（2人份）

橙子　2个
盐　少许
橄榄油　1小勺
明胶片　2克
盐、黑胡椒、橄榄油　各适量

准备

• 明胶片用凉水（用量另计）泡软。

做法

1 剥开一个橙子，撕去每瓣果肉上的薄皮，待用。另一个橙子榨汁，取120毫升果汁。

　＊若果汁分量不足，可额外添加橙子。

2 将橙汁和盐放入小锅加热，煮沸后调小火，熬煮至苦涩味消失后离火。加入1小勺橄榄油。泡软的明胶片放在厨房纸上吸干水分后加入小锅，用勺子搅拌至明胶片完全溶解。

3 放入橙子果肉，将小锅锅底浸泡在冰水里，一边搅拌一边冷却，溶液变得黏稠后移入保鲜盒，冷藏半天使其凝固。品尝时用勺子盛入器皿，撒上盐、黑胡椒，倒几滴橄榄油。

西班牙风味汤汁冻

在番茄汁里加入雪利醋，做出西班牙风味的汤品。
3 种块状蔬菜是打造独特口感的关键。雪利醋也可以用普通香醋代替。

原料（可以盛满 1 个 15×15×6 厘米的保鲜盒）

A | 番茄汁（无盐） 175 毫升
  | 饮用水 25 毫升
  | 盐 1/2 小勺
B | 橄榄油 1 大勺
  | 雪利醋 1/2 大勺
明胶片 4.5 克
C | 黄瓜 1/5 根（20 克）
  | 柿子椒 1/4 个（10 克）
  | 洋葱 1/20 个（10 克）
粗盐、黑胡椒、橄榄油 各适量

准备

• 将原料 C 切成 3~4 毫米见方的小块。
• 明胶片用凉水（用量另计）泡软。

做法

1 将原料 A 放入小锅加热，煮沸后调小火，熬煮至苦涩味消失后离火。加入原料 B。泡软的明胶片放在厨房纸上吸干水分后加入小锅，用勺子搅拌至明胶片完全溶解。

2 放入原料 C，将小锅锅底浸泡在冰水里，一边搅拌一边冷却，溶液变得黏稠后移入保鲜盒，冷藏半天使其凝固。

3 品尝时用勺子盛入器皿，撒上粗盐、黑胡椒，倒几滴橄榄油。

无花果白葡萄酒果冻

新鲜的无花果和白葡萄酒一起加热，会变成可爱的粉红色。
此时加入明胶，把它封印在最美丽的时刻。
略微加热一下即可，注意保留无花果圆乎乎的形状。

原料（可以盛满 1 个 750 毫升的容器）

A | 白葡萄酒　200 毫升
　 | 饮用水　200 毫升
　 | 细砂糖　120 克
　 | 肉桂条　1/2 根
　 | 香草荚　1/2 根

无花果　4 个
鲜柠檬汁　2 小勺
明胶片　15 克

准备

- 无花果切成四等份。
- 剖开香草荚，用刀背刮取香草籽。豆荚和香草籽一并入锅。
- 明胶片用凉水（用量另计）泡软。

做法

1 将原料 A 放入小锅加热，用勺子持续搅拌至细砂糖完全溶解。溶液沸腾后离火。

2 加入无花果和柠檬汁。再次开火，煮沸后调小火，熬煮至苦涩味消失后离火。

3 泡软的明胶片放在厨房纸上吸干水分后加入小锅，用勺子搅拌至明胶片完全溶解。将小锅锅底浸泡在冰水里，一边搅拌一边冷却，尽量不要搅碎无花果。溶液变得黏稠后移入容器，冷藏半天使其凝固。

* 熟透的无花果色泽漂亮但容易变形，要小心处理。

Part 5

Mousse, Semifreddo

慕斯和冰激凌蛋糕

吃上一口凉丝丝、滑嫩嫩的慕斯，心情也跟着舒畅起来。

我喜欢融入了鲜奶油的乳白慕斯，柔滑细腻，入口即化。

好吃的慕斯进一步冷冻，就是意大利有名的清凉甜点 Semifreddo——冰激凌蛋糕。

比冰激凌更清甜，比蛋糕更淡雅，适合当作饭后甜点。

无论慕斯还是冰激凌蛋糕，即便只用勺子盛盘，颜值也绝对养眼。

巧克力慕斯

棉花糖里含有明胶。在巧克力奶油液中加入棉花糖，用一把勺子便能做出这款慕斯。
口感柔滑细腻，像奶油一般。

原料（可做 2 杯）

A | 鲜奶油　150 毫升
　 | 牛奶　50 毫升
　 | 棉花糖Ⓐ　50 克
　 | 盐　少许
苦巧克力　100 克
棉花糖Ⓑ　10 克
香草冰激凌（市售）、混合坚果燕麦片、开
　心果碎　各适量

准备

• 将棉花糖Ⓑ切成 1 厘米见方的小块。
• 巧克力板粗略切碎。
　＊纽扣巧克力可以直接使用。

做法

1 将原料 **A** 放入小锅，中火加热，用勺子搅拌至棉花糖融化。离火，加入巧克力，搅拌至融化。

2 将小锅锅底浸泡在冰水里，一边搅拌一边冷却，溶液变得黏稠后放入切块的棉花糖Ⓑ，略微搅拌，移入保鲜盒，冷藏 3~4 小时使其凝固。

3 盛出品尝时，按照一勺慕斯、一勺冰激凌、一勺混合坚果燕麦片的顺序叠放盛出，最后撒上开心果碎。

◎这款慕斯可以直接吃，也可以抹在面包上。冷冻之后还有冰激凌的口感，每一种吃法都很美味。

酸奶慕斯

这款慕斯加入了蛋白霜，有着泡沫般蓬松细腻的口感。
搭配两种颜色的猕猴桃、淋上蜂蜜，香甜爽口。

原料（可以盛满 1 个 15×15×6 厘米的保鲜盒）

< 蛋白霜 >

　蛋白　1 个

　细砂糖　20 克

A ┃ 鲜奶油　100 毫升
　　 ┃ 细砂糖　30 克

明胶粉　5 克

原味酸奶（无糖）　200 克

鲜柠檬汁　1 大勺

猕猴桃（金黄色、绿色）　各适量

蜂蜜、薄荷叶　各适量

准备

- 将明胶粉倒入 1 大勺饮用水（用量另计）中浸泡。
- 猕猴桃切成 3 毫米厚的扇形切片。
- 用勺子充分搅拌酸奶，使其变得柔滑。

做法

1 打发蛋白霜。将蛋白放入搅拌盆，用打蛋器搅打至起泡，使空气裹入蛋白液，整体膨胀起来。分 2~3 次加入细砂糖，每一次都要搅打至起泡。蛋白霜变得细腻有光泽、提起打蛋器时能拉出饱满的尖角，就可以了。

2 将原料 **A** 放入小锅，小火加热，冒泡后离火。将浸泡好的明胶连水一起倒入，用勺子搅拌至完全溶解。
＊无法完全溶解时，可以开小火加热一会儿。

3 将酸奶、柠檬汁依次加入小锅，搅拌至柔滑细腻。将做好的蛋白霜分两次加入。

4 用勺子将 **3** 从底部往上大幅度地翻搅，直到混合均匀。移入保鲜盒，冷藏 3 小时左右使其凝固。品尝时用勺子盛入器皿，放上猕猴桃，淋上蜂蜜，装饰上薄荷叶。

盛取慕斯之前让勺子先蘸水，便能干净利落地完成，不粘勺子。

焦糖慕斯

之前做好的焦糖酱（参见第 39 页）可以用来做这款慕斯。
刚做好的焦糖慕斯味道是最好的。时间一长，里面的水分便会蒸发。
冷冻之后还有冰激凌口感，一样美味哦。

原料（可以盛满 1 个 15×15×6 厘米的保鲜盒）

A | 焦糖酱　30 克
　| 鲜奶油　100 毫升

< 蛋白霜 >

　蛋白　1 个

　细砂糖　10 克

可可粉　适量

准备

准备

• 焦糖酱在室温下软化。

做法

1 将原料 A 放入搅拌盆，用勺子大幅度搅拌至黏稠。操作时注意微微倾斜搅拌盆。

2 打发蛋白霜。将蛋白放入搅拌盆，用打蛋器搅打至起泡，使空气裹入蛋白液，整体膨胀起来。分 2~3 次加入细砂糖，每一次都要搅打至起泡。蛋白霜变得细腻有光泽、提起打蛋器时能拉出饱满的尖角，就可以了。

3 将做好的蛋白霜分两次加入 **1**，每一次都用勺子从底部往上大幅度地翻搅，直至混合均匀。移入保鲜盒，冷藏 30 分钟左右使其凝固。品尝时用两把勺子将慕斯整理成橄榄形，盛盘，撒上可可粉。

用两把勺子将慕斯整理成橄榄形。用一把勺子舀出一大块慕斯，用另一把勺子的凹曲面整理好形状后盛入透明器皿。可以将搅拌盆底浸泡在冰水里，一边冷却，一边整形盛盘，会做得非常干净漂亮。

奶油乳酪冰激凌蛋糕

既有蛋糕的绵润口感，又有冰激凌的冰爽甜美。

这款冰激凌蛋糕的原料中含有大量乳脂成分，需要多次搅拌，可以长时间冷冻。

原料（可以盛满 1 个 15×15×6 厘米的保鲜盒）

蜂蜜　50 克

奶油乳酪　75 克

鲜奶油　200 毫升

柠檬皮碎　1 个

蛋白　2 个

相比一次性移入保鲜盒冷冻，将冰激凌糊整理形后冷冻可以在更短的时间内凝固。

准备

- 奶油乳酪在室温下软化。

做法

1 取 20 克蜂蜜，和奶油乳酪一起放入搅拌盆，用勺子充分搅拌至完全融合。加入鲜奶油，搅拌至均匀黏稠，放入柠檬皮碎。

 ＊事先留出一点柠檬皮碎作为最后的装饰。

2 打发蛋白霜。另取一只搅拌盆，放入蛋白。用打蛋器搅打至起泡，使空气裹入蛋白液，整体膨胀起来。分 2~3 次加入蜂蜜，每一次都要搅打至起泡。蛋白霜变得细腻有光泽、提起打蛋器时能拉出饱满的尖角，就可以了。

3 将做好的蛋白霜分两次加入 1，每一次都用勺子从底部往上大幅度地翻搅，直至混合均匀。用两把勺子将搅拌好的冰激凌糊整理成橄榄形，放置在铺有烘焙纸的平底方盘中。覆上保鲜膜冷冻 1 小时左右使其凝固。

4 盛盘，撒上预留的柠檬皮碎。

◎可以根据喜好添加坚果或果干。鲜果的水分较多，会影响口感，不建议添加。

柠檬凝乳冰激凌蛋糕

如果有做好的柠檬凝乳（参见第55页），做这款冰激凌蛋糕会更方便。
柠檬凝乳加上掼奶油已然足够美味，
加入巧克力威化后，为甜点赋予了蛋糕口感，更添可可之味。

原料（可以盛满1个15×15×6厘米的保鲜盒）

柠檬凝乳　100克

A　鲜奶油　100毫升

　　细砂糖　1大勺

巧克力威化（市售）　30~50克

准备

- 柠檬凝乳在室温下软化。
- 威化掰成适口大小。

做法

1 将原料 **A** 放入搅拌盆里，用勺子大幅度搅拌至黏稠。操作时注意微微倾斜搅拌盆。

2 加入柠檬凝乳和威化，大致搅拌均匀。将冰激凌糊移入保鲜盒，冷冻1小时左右使其凝固。

3 用勺子舀起盛盘。

舀取冰激凌蛋糕之前，让勺子在热水里浸泡一会儿，这样舀出的冰激凌干净又漂亮。每舀一次就用热水浸泡一会儿。

◎威化可以换成巧克力曲奇。

基本工具

工具简单，是勺子甜点的一大优势。下面对本书使用的主要工具进行说明。

1 搅拌盆

勺子甜点分量不大，可用较小的搅拌盆。直径20厘米以内，两三个就足够了。最好再准备一个耐热碗，用于隔水加热。

2 小锅

用于加热果汁、糖水或隔水融化黄油，直径16~18厘米即可。推荐搪瓷材质的小锅，导热快、安全防锈、结实美观。

3、4 密封袋 & 保鲜盒

保鲜盒规格约15×15×6厘米，用于盛装需要冷藏凝固的果冻和慕斯。带夹链的密封袋可以用来盛装需要冰冻的果子露。

5 平底方盘

平底方盘可以加快冷冻凝固的速率，也便于勺子薄薄舀起果汁冻一类的甜点。推荐使用搪瓷材质的方盘。

6 锡箔纸杯

烘焙专用模具的替代品。材质相对轻软，可以盛装少量面糊，烘烤出萌趣小点。一次性使用，方便卫生。

7 滤茶网

用于筛取粉类原料。勺子甜点分量不大，滤茶网便能完成。也用于筛撒糖粉。

8 打蛋器

书中几乎所有步骤都由勺子完成，但打发蛋白、鲜奶油时要用到打蛋器。请根据搅拌盆大小选择合适的尺寸。

9 烘焙纸

用于托垫冰激凌、蛋糕等易粘附的甜点，可以干净、方便地剥离。推荐使用可清洗、重复使用的烘焙纸。

> 一支小小的抹刀会带来很大的便利

勺子难以刮净粘在器皿侧壁上的面糊时，用橡胶刮刀或抹刀便能轻松搞定。

基本原料

勺子甜点的常用原料也很简单，多是厨房常备品种，可以想做就做、想吃就吃。

1 高筋面粉

含有大量小麦蛋白，常用于制作面包。在曲奇面糊中加入高筋面粉，成品的口感会变得酥脆。也可用作手粉。

2 低筋面粉

曲奇、蛋糕面糊的主要原料，能够快速膨胀，香味浓郁、口感清爽。请选择小麦蛋白含量少、颗粒细的低筋面粉。

3 鸡蛋

请选用大小适中的鸡蛋（重约60克，其中蛋白重约35克）。调制面糊用常温鸡蛋，打发蛋白霜则要用冷藏过的鸡蛋。

4 细砂糖

细砂糖没有涩味，清甜可口，又不会掩盖其他原料的风味。可以根据需要选用黑糖或红糖，甜度更高。

5 糖粉

粉状细砂糖。推荐使用加入了玉米淀粉的糖粉，不仅易于溶解、混合，还能用作装饰，兼可防潮。

6 鲜奶油

用于制作掼奶油，还可以代替黄油调入甜点面糊。请选用乳脂含量较高的鲜奶油。

7 黄油

请选用无盐黄油。烘焙甜点时，通常会用打蛋器打发黄油；在勺子甜点的食谱中，使用的是融化为液体的黄油。

8 油

可以代替黄油的液体油脂。生榨芝麻油和菜籽油气味很淡，比较适合。

图书在版编目 (CIP) 数据

　　一把勺子做甜点 / （日）小堀纪代美著；宋天涛译
. —— 海口：南海出版公司，2018.7
　　ISBN 978-7-5442-9327-3

　　Ⅰ. ①一… Ⅱ. ①小… ②宋… Ⅲ. ①甜食－制作
Ⅳ. ① TS972.134

中国版本图书馆 CIP 数据核字 (2018) 第 106791 号

著作权合同登记号　图字：30-2018-097

SPOON DE TSUKURU OYATSU
© Kiyomi Kobori 2015
Originally published in Japan in 2015 by SHUFUNOTOMO CO., LTD.
Chinese translation rights arranged through DAIKOUSHA INC., Kawagoe.

一把勺子做甜点

〔日〕小堀纪代美 著

宋天涛 译

出　　版　南海出版公司　　(0898)66568511
　　　　　海口市海秀中路51号星华大厦五楼　　邮编 570206
发　　行　新经典发行有限公司
　　　　　电话(010)68423599　　邮箱 editor@readinglife.com
经　　销　新华书店

责任编辑　秦　薇
特邀编辑　黄渭然
装帧设计　陈绮清
摄　　影　三村健二
内文制作　博远文化

印　　刷　艺堂印刷（天津）有限公司
开　　本　787毫米×1092毫米　1/24
印　　张　4
字　　数　111千
版　　次　2018年7月第1版
印　　次　2018年7月第1次印刷
书　　号　ISBN 978-7-5442-9327-3
定　　价　45.00元